Rückblick auf die Entwicklung der Geographischen Gesellschaft in Hamburg

während der zweiten 25 Jahre ihres Bestehens, und zwar von 1898 bis 1923

von

Prof. Dr. **Paul Schlee**
Erstem Schriftführer der Gesellschaft

Im Jahre 1898 hat Dr. Ludwig Friederichsen im 14. Bande dieser „Mitteilungen" einen „Rückblick auf die Gründung und Entwicklung der Geographischen Gesellschaft in Hamburg während der ersten 25 Jahre ihres Bestehens" veröffentlicht. Nachdem nunmehr die Gesellschaft am 8. März 1923 ihre Halbjahrhundertfeier hat begehen können, erscheint es angezeigt, die Chronik der Gesellschaft durch einen ähnlichen Bericht über die folgenden 25 Jahre weiterzuführen. Wir hoffen, daß dieses zusammenfassende schlichte Bild des Lebens und der Entwicklung unserer Gesellschaft die Teilnahme unserer jetzigen Mitglieder finden wird. Aber auch für eine spätere Betrachtung wird, zumal zwar Sitzungsberichte, Kassenberichte und Mitgliederverzeichnisse regelmäßig veröffentlicht worden sind, aber doch eigentliche Jahresberichte fehlen, diese kurze Übersicht über den Lebensgang der Gesellschaft willkommen sein.

Der Geschichtsschreiber jener Periode von 1873—1898, Ludwig Friederichsen, ist der eigentliche Gründer unserer Gesellschaft gewesen und hatte, als er jenen Rückblick schrieb, die ganzen 25 Jahre hindurch als erster Schriftführer die Geschäfte geführt und mit Hingebung für seine Schöpfung und ihre Stellung im wissenschaftlichen Leben Hamburgs und Deutschlands gewirkt. In dem Zeitabschnitt, den wir jetzt zu betrachten haben, hat sich die Gesellschaft noch 17 Jahre lang, bis zu seinem im April 1915 erfolgten Tode, seiner erfolgreichen Fürsorge erfreuen können. So geziemt es sich, daß am Anfang unseres Berichtes zunächst in Dankbarkeit seiner 42jährigen auf das Wohl der Gesellschaft gerichteten Tätigkeit gedacht wird.

Friederichsen hat sein Amt keineswegs nur in der Art geführt wie wohl eine solche, meist nur zeitweilige Nebenbeschäftigung als Schriftführer eines Vereins gewöhnlich ausgeübt wird. Vielmehr bildete das Sorgen und Arbeiten für seine Geographische Gesellschaft einen recht wesentlichen Teil vom Inhalt seines Lebens. Das Anwerben der Redner, die Gestaltung der Sitzungen sowohl wie die Organisation der Feste, die Redaktion sämtlicher Veröffentlichungen, die Fürsorge für alle wissenschaftlichen Expeditionen, an denen die Geographische Gesellschaft Anteil hatte, die Pflege der Beziehungen zu Schwestergesellschaften und auswärtigen Geographen, nicht zum mindesten die Sorge für die Bibliothek und den Schriftenaustausch, kurz alle Lebensäußerungen der Gesellschaft gingen von ihm aus und durch ihn.

Gewiß wurde alles Wichtige in den Sitzungen des Gesamtvorstandes beraten und beschlossen und je nach Umständen auch weiter vor die Mitgliederversammlung gebracht, doch der Anreger, der Urheber der Tagesordnungen war doch fast überall Friederichsen. Und wenn auch an der Spitze des Vorstandes der Präsident stand — und die Gesellschaft hat das Glück gehabt, stets hochangesehene Männer an ihrer Spitze zu sehen, deren Rat und Stimme im Vorstand das stärkste Gewicht hatte, Männer, welche die Gesellschaft geschickt und auf das würdigste vertraten — die im Stillen wirkende Seele der Gesellschaft war doch Friederichsen. Nicht verlöschen darf ihr Dank dafür, daß er durch so lange Zeit hindurch so erfolgreich für ein wirksames Leben und ein hohes Ansehen der Gesellschaft in unserer Vaterstadt und in der Ferne gesorgt hat.

Ein gutes Bild seiner Tätigkeit gibt der von ihm 1898 verfaßte oben erwähnte Rückblick. Man muß nur eben — da er selbst an keiner Stelle von seiner eigenen Mitwirkung spricht — alle dort geschilderten Lebensäußerungen der Geographischen Gesellschaft vorwiegend als Ausfluß seines Handelns auffassen. So ist es auch nach 1898 geblieben, wenn auch in den letzten Jahren seine Kräfte sich minderten. Als 1914 der Weltkrieg entbrannt war, verfolgte er mit lebendigster Teilnahme den Heldenkampf Deutschlands, auf dessen Sieg er fest vertraute. Ein gütiges Geschick hat ihn $^3/_4$ Jahre nach Kriegsausbruch mitten aus diesem Vertrauen hinaus fortgenommen. In einer Sitzung der Abteilung Hamburg der Deutschen Kolonialgesellschaft, die am 20. April 1915 im großen Hörsaal der Universität stattfand, setzte ein Herzschlag seinem Leben ein schnelles, schmerzloses Ende. Ein Lebensbild des Verblichenen aus der Feder von Prof. Dr. Joh. Repsold hat die Geographische Gesellschaft als Sonderschrift im Jahre 1916 veröffentlicht.

Nächst Friederichsen ist der Männer zu gedenken, die sich als Präsidenten besondere Verdienste um die Gesellschaft erworben haben. In der ersten Epoche von 25 Jahren hatte zunächst die Gestalt des Bürgermeisters Dr. Georg Kirchenpauer hervorgeragt, der das Amt des Präsidenten von der Gründung an 14 Jahre lang versehen hat, Am Schluß dieser ersten Periode stehen wir mitten in der langen Amtszeit des Bürgermeisters Dr. Johann Georg Mönckeberg, der 16 Jahre hindurch, von 1892 bis zu seinem am 27. März 1908 erfolgten Tode, Präsident gewesen ist. Noch 3 Wochen vor seinem Heimgang hat er in der letzten der von ihm geleiteten 152 Sitzungen in gewohnter geistiger Frische präsidiert, nämlich in der Festsitzung am

35. Stiftungstage der Geographischen Gesellschaft. Was dieser hochbedeutende Mann der Gesellschaft gewesen ist, hat Ludwig Friederichsen unter Beigabe eines vorzüglichen Bildnisses im 23. Bande der „Mitteilungen" geschildert.

Des weiteren muß des Senators Otto E. Westphal besonders gedacht werden, der von 1909 bis 1918, bis er krankheitshalber kurz vor seinem Tode sein Amt niederlegen mußte, die Präsidentenwürde innegehabt hat. Mit großem Geschick hat er auch unter schwierigeren Verhältnissen die Stellung eines Vorsitzenden des Vorstandes und der Gesellschaft ausgefüllt. Wer des Glückes teilhaftig geworden ist, diesem von tiefstem Wohlwollen erfüllten vornehm denkenden Manne näher zu treten, wird ihm in herzlicher Verehrung stets ein dankbares Andenken bewahren.

Zwischen die langjährigen Amtszeiten von Kirchenpauer, Mönckeberg und Westphal schieben sich die kurzen einiger anderer Präsidenten ein, die in der am Schluß gegebenen Übersicht aufgeführt sind. Seit 1919 hat — mit einer 2jährigen Unterbrechung, in der der erste und 2. Vorsitzende ihr Amt getauscht hatten — Senator Dr. Max Schramm das Amt des Präsidenten inne.

Im übrigen gibt über die Zusammensetzung des Vorstandes die Übersicht am Schluß Auskunft Doch müssen hier noch einige Worte darüber angefügt werden, wie sich die Geschäftsführung nach Friederichsens Tode gestaltet hat. Da die beiden Fachgeographen des Vorstandes, Passarge und Schlee, für die ganze Kriegsdauer zum Heere einberufen waren, so sprang das Beiratsmitglied Prof. Dr. Gerhard Schott in die Bresche. Ihm ist es zu danken, daß das wissenschaftliche Leben der Gesellschaft während der folgenden Kriegsjahre nicht verkümmert ist, vielmehr nicht nur regelmäßige Sitzungen stattfanden, sondern auch noch 2 Bände unserer Mitteilungen herausgebracht wurden, Nach Kriegsschluß aber fand, da außer Dr. Friederichsen und Senator Westphal auch Dr. Öhrens inzwischen hochbetagt verstorben war, eine wesentliche Erneuerung des zusammengeschrumpften Vorstandes statt, Dabei trat auch Prof. Dr. Schott als erster Schriftführer in den Vorstand ein. Nach 2 Jahren, 1921 wurde das Amt von Prof. Dr. Paul Schlee, dem bisherigen 2. Schriftführer, übernommen, doch wurde zugleich die Last der Geschäfte gleichmäßiger auf mehrere Schultern verteilt. Das zeigt sich u. a. darin, daß in den folgenden 4 Bänden unserer Mitteilungen Dr. Arved Schultz, Assistent am Seminar für Geographie, jetzt Prof. der Geographie in Königsberg, als Herausgeber genannt ist. Dann wurde der zweite Schriftführer,

Regierungsrat Dr. Brennecke, mit der Herausgabe betraut. Wir greifen etwas über die Berichtszeit von 25 Jahren hinaus, wenn wir des unerwarteten Hinscheidens dieses hochgeschätzten Mannes gedenken, der nach kurzer Krankheit aus der Fülle der Kraft am 19. Febr. 1924 durch den Tod hinweggenommen wurde. Ein Nachruf auf diesen verdienten Ozeanographen finden die Leser in dem vorliegenden Bande.

Manch anderen hervorragenden Mann, den die Gesellschaft mit Stolz zu ihren Mitgliedern gezählt hat, hat sie in diesen 25 Jahren verloren. Besonders hervorgehoben seien zwei im Jahre 1909 verstorbene bedeutende Gelehrte und ehemalige Vorstandsmitglieder: der langjährige Direktor der Deutschen Seewarte, Wirklicher Geheimer Rat Prof. Dr. Georg von Neumayer und der Geologe Prof. Dr. Carl Gottsche (Nachrufe im 24. Bande der Mitteilungen).

Nach dem Bericht über den leitenden Vorstand, der gewissermaßen als Kopf der Gesellschaft zu fungieren hat, werden wir uns zweckmäßig zunächst mit der äußeren Entwicklung des dazu gehörigen Körpers beschäftigen. Er hat sich in befriedigender Weise kräftig entwickelt. Friederichsen hat auf Seite 31 seines Rückblicks eine Statistik der Mitglieder für die ersten 25 Jahre gegeben. Daraus geht hervor, daß die Gesellschaft in den ersten zwei Jahren, die wir als ihre Gründungszeit ansehen können, reichlich 300 Mitglieder gewonnen hatte. In der Folgezeit ging die Zunahme wesentlich langsamer vonstatten mit zeitweiliger geringer Abnahme. So war schließlich am Schluß der ersten 25 Jahre die Zahl der ordentlichen Mitglieder auf beinahe 600, also etwa auf das doppelte gestiegen. Ein gleichstarkes Steigen mit Schwankungen hat bis zum Anfang des Krieges angedauert, bei dem die Zahl von etwa 750 Mitgliedern erreicht wurde. Die durchschnittliche jährliche Zunahme in den 39 Jahren von 1875—1914 betrug 11—12. Der Weltkrieg brachte nun innerhalb von 4 Jahren einen Verlust von etwa 160 Mitgliedern, denn Ende 1918 wurden nur 587 gezählt. Seitdem aber hat die Gesellschaft wieder sehr stetig zugenommen und zwar viel schneller als früher, so daß Ende 1923 der Bestand auf 855 ordentliche Mitglieder gestiegen war. Diese starke Zunahme ist jedenfalls durch zwei Neueinrichtungen wesentlich gefördert worden: Zunächst durch die im Februar 1919 als Satzungsänderung beschlossene Aufnahme von Damen. Diese hatten zwar bis dahin auch schon ein beträchtliches, allmählich größer werdendes Kontingent zu den Zuhörern in den Sitzungen gestellt, hatten aber doch nur als Angehörige der männlichen Mitglieder regelmäßigen Zutritt. In zweiter Linie ist die Gewinnung neuer Mitglieder jedenfalls auch begünstigt worden durch die Einrichtung der „wissenschaftlichen" oder „Fach"-Sitzungen, über die unten noch zu berichten sein wird.

In den Jahren von 1919—1923 sind im ganzen 515 Mitglieder aufgenommen worden, während die Mitgliederzahl dabei, wie gesagt, nur von 587 auf 855, also um 248 gestiegen ist. Es ergibt sich demnach ein Verlust von 287 Mitgliedern, der vorwiegend durch den natürlichen Abgang durch den Tod verursacht wird. Es folgt daraus, daß jedes Jahr wenigstens 50 neue Mitglieder hinzukommen müssen, um die Zahl auf der jetzigen Höhe zu halten, aber mehr als 100, um die bisherige Vermehrung zu gewährleisten. Dieses weitere Wachstum unserer Gesellschaft ist recht wünschenswert; denn so sehr wir uns auch ihrer gesunden Entwicklung freuen können, so muß doch zugegeben werden, daß — in anbetracht von Hamburgs Einwohnerzahl und seiner Bedeutung als erster Welthandelsstadt des europäischen Festlandes — die Gesellschaft doch wohl kaum die normale Größe besitzt. Darum wird allen Angehörigen unserer Gesellaschaft zu danken sein, die bestrebt sind, die geographischen Interessen in weitere Kreise zu tragen und neue Mitglieder zu gewinnen.

Das Wachsen der Mitgliederzahl hat es im Jahre 1905 nötiggemacht, den alten behaglichen Sitzungssaal, den Hörsaal A im alten Johanneum am Speersort, zu verlassen. An seine Stelle trat der ehemalige Bürgerschaftssaal im Patriotischen Gebäude, der etwa 400 Zuhörer faßte. In den folgenden 18 Jahren, bis zum Schluß der Berichtszeit, ist er der Versammlungsort der Geographischen Gesellschaft geblieben, abgesehen von einzelnen Ausnahmen, bei denen die Sitzungen in größere Säle verlegt worden sind. Jetzt ist eine Änderung im Werden. Nachdem der Überseeklub das Gebäude der Patriotischen Gesellschaft gepachtet hat, nimmt er z. Zt. einen Umbau vor, bei dem insbesondere auch der Saal eine Vergrößerung erfährt. Dieser Umbau hat die Geographische Gesellschaft seit dem Herbst 1923 gezwungen, ihre allgemeinen Sitzungen zum Teil in den beiden größten Hörsälen der Universität, zum Teil, nämlich während des Universitätssemesters, in den Festsälen von höheren Schulen abzuhalten. Hoffentlich besitzen wir bald wieder ein dauerndes geeignetes Heim.

Nachdem wir so über die Gesellschaft selbst und den äußeren Rahmen ihrer Tätigkeit berichtet haben, haben wir uns der Hauptfrage zuzuwenden: Was hat unsere Gesellschaft in diesen 25 Jahren geleistet?

Ihre Satzungen besagen, daß die Gesellschaft den Zweck hat, „die geographische Wissenschaft zu fördern und das Interesse für sie zu beleben. Sie sucht diesen Zweck zu erreichen

a) durch regelmäßig wiederkehrende Versammlungen
b) durch Anknüpfung von Verbindungen mit überseeischen Plätzen, durch freundschaftliche Beziehungen und Schriftenaustausch mit geographischen Gesellschaften,
c) durch Sammlung eines Vermögens zur Unterstützung oder selbständigen Ausrüstung wissenschaftlicher geographischer Expeditionen und zur Förderung wissenschaftlichei geographischer Arbeiten,
d) durch zeitlich zwanglose Veröffentlichung geographischer Abhandlungen. Die „Mitteilungen" der Gesellschaft sollen auch die Tätigkeitsberichte der Gesellschaft enthalten."

Es wird zweckmäßig sein, diese 4 Punkte in derselben Reihenfolge abzuhandeln. Die allgemeinen Sitzungen hat die Gesellschaft in derselben Weise wie früher mit geringen Ausnahmen am 1. Donnerstag der Monate von Oktober bis Mai oder Juni abgehalten Es sind in diesen 25 Jahren im ganzen 212 Sitzungen gewesen, in denen 230 größere Vorträge gehalten worden sind. Friederichsen hat auf Seite 14 seines Berichts eine kleine Statistik über die Vorträge gegeben, nach welcher unsere Gesellschaft in den ersten 25 Jahren 210 Vorträge (d. h. 70%) von Hamburgern gehört hat und 90 Vorträge von Auswärtigen. Im dem zweiten Abschnitt von 25 Jahren hat sich das Verhältnis umgekehrt, denn nur 85 Vorträge (37%) sind von Hamburgern und 145 (63%) von Auswärtigen gehalten worden. Allen diesen vortragenden Gästen ist auch hier aufs herzlichste zu danken. Es ist nicht gut möglich, sie alle hier namentlich aufzuführen, ebensowenig, eine Auswahl zu treffen. Manche haben uns wiederholt erfreut, Selbstverständlich befinden sich darunter viele der allerbesten Namen in der deutschen geographischen Wissenschaft. Hier sei nur besonders bemerkt, daß wir mehr als vorher auch Vorträge von hervorragenden Ausländern, nämlich 14 Mal, gehört haben. Genannt seien unter ihnen die berühmten Polarfahrer Borchgrevink (Christiania) und Charcot (Paris), die über ihre Südpolarexpeditionen berichtet haben, sowie Roald Amundsen (Christiania), der über seine Erzwingung der nordwestlichen Durchfahrt sprach. Die Grönlandforscher Mylius-Erichsen (Kopenhagen) und de Quervain (Zürich) haben über ihre dortigen Expeditionen vorgetragen. Über ihre epochemachenden Reisen in Zentralasien haben wir Aurel Stein (Peshawar) und zweimal Sven Hedin (Stockholm) gehört.

Während Friederichsens Statistik weiter zeigt, daß in den ersten 25 Jahren das Interesse ganz besonders dem afrikanischen Kontinent zugewandt war, der 63 Vorträge in Anspruch nahm, so ist dieser Erdteil später, nachdem die Zeit kolonialer Propaganda und der Kolonialgründungen vorbei war, doch mehr zurückgetreten. Für die Berichtsperiode verteilen sich die Vorträge folgendermaßen: Asien 57, Europa 49, Afrika 39, Nord- und Mittelamerika 19, Südamerika 18, Australien und Ozeanien 14, Polargebiete 10, Verschiedenes (Ozeane, Allgemeines) 23.

Eine Vertiefung hat nun die Arbeit der Geographischen Gesellschaft dadurch erfahren, daß wie oben schon berührt wurde, gleich nach dem Kriege neben den allgemeinen auch wissenschaftliche oder Fachsitzungen in gleicher Anzahl eingerichtet worden sind. Diese Neuerung entsprach einem starken Bedürfnis, nachdem die allgemeinen Sitzungen im Laufe der letzten Jahrzehnte immer mehr zu populären Vortragsabenden geworden waren, an denen durch gute Redner, fast immer unter Vorführung von Lichtbildern, allgemein interessierende Gegenstände behandelt wurden. Das war ursprünglich nicht so gewesen, als sich zu den Sitzungen nur ein ziemlich kleiner Kreis von männlichen Teilnehmern versammelte. So besann sich die Gesellschaft, als sie die besonderen wissenschaftlichen Sitzungen einführte wieder auf einen Teil ihrer Aufgaben, der in letzter Zeit zu wenig berücksichtigt worden war.

In diesen Sitzungen sind in ziemlich regelmäßiger Abwechslung wissenschaftliche und schulmethodische Gegenstände behandelt worden, über die im einzelnen die in den letzten Bänden der Mitteilungen veröffentlichten Sitzungsberichte Auskunft geben. So wurden besonders Dozenten und Studenten der Universität, Beamte der deutschen Seewarte, Oberlehrer und Oberlehrerinnen, aber auch eine beträchtliche Zahl von anderen Mitgliedern regelmäßig zusammengeführt. An die Vorträge schloß sich durchweg eine längere angeregte Erörterung an. Die Anzahl der Teilnehmer betrug in der Regel etwa 30—60, und so reichte ein kleineres Auditorium der Universität oder der Hörsaal des Seminars für Geographie im allgemeinen aus. In einigen Fällen, in denen ein Thema behandelt wurde, das weitere Kreise interessierte, wurden die Gesellschaftsmitglieder darauf besonders aufmerksam gemacht und es wurde ein großes Auditorium genommen.

Im Anschluß an den Bericht über die Sitzungen ist noch einer weiteren Einrichtung zu gedenken, die mit recht erfreulichem Erfolg seit 1920 besteht. Es sind das die geographischen Ausflüge. Der Anfang wurde mit einer Besichtigung der Deutschen Seewarte, sowie der Sternwarte in Bergedorf gemacht. Dann führte eine Reihe von heimatkundlichen Ausflügen unter Führung von Dr. Emil Koch in die Marschen und an den Geestrand des Elbtales von Lauenburg bis zur Haseldorfer Marsch. Ein schöner Ausflug unter Führung der Herren Dr. Emil Koch und Dr. Karl Gripp brachte die Teilnehmer nach Segeberg und in die dortige Höhle. Zwei Ausflüge in die Lüneburger Heide unter Leitung von Dr. Gripp waren morphologischen Studien gewidmet, die im Zusammenhang mit den weiterumfassenden Untersuchungen stehen, über die der Genannte in der in diesem Bande veröffentlichten Abhandlung berichtet. Diese Ausflüge, zu denen sich gewöhnlich etwa 30—40 Teilnehmer vereinigten, haben bei ihnen vollste Anerkennung gefunden und werden hoffentlich stets fortgeführt werden.

Hinsichtlich des zweiten Teils der in den Satzungen genannten Aufgaben der Gesellschaft können wir uns ganz kurz fassen. Die auch nach 1898 fortgesetzte Pflege der auswärtigen Beziehungen erlitt natürlich druch den Krieg eine starke Beeinträchtigung. Große Lücken entstanden im Austausch der Veröffentlichungen mit ausländischen Gesellschaften. Nach dem Kriege sind wir mit Erfolg bestrebt gewesen, die Schäden zu beseitigen.

Auch die Erfüllung der dritten Aufgabe der Gesellschaft, die Förderung wissenschaftlicher Expeditionen, hat der Weltkrieg außerordentlich beeinträchtigt, nachdem wir bis dahin dieser Pflicht in erfreulicher Weise hatten nachkommen können. Wir setzen im folgenden den von Friederichsen bis zum Jahre 1898 gegebenen Bericht darüber fort.

Im Jahre 1900 erhielt Prof. Dr. Theobald Fischer, der hervorragendste deutsche Kenner des Mittelmeergebietes den Betrag von 4000 Mk., um seine dritte, 3½ Monate währende Forschungsreise in Marokko durchzuführen. Ein 200 Seiten umfassender Reisebericht findet sich im 18. Bande unserer Mitteilungen als ein sehr wertvoller Beitrag zu unserer Kenntnis des Atlaslandes.

Derselbe Band erhält auch Reisebriefe aus Zentral-Asien von Dr. Max Friederichsen, dem Sohne Ludwig Friederichsens. Max Friederichsen (jetzt ord. Professor an der Universität Breslau), nahm im Jahre 1902 an einer großen von der Universität Tomsk veranstalteten russischen Expedition unter Leitung des Botanikers W. W. Saposchnikow teil, deren Ziel der Tien-schan war. Diese Reise Friederichsens wurde von der Geographischen Gesellschaft mit 2500 Mk. unterstützt. Der besonders dickleibige 20. Band der Mitteilungen wird ganz von der Bearbeitung der Reiseergebnisse unter dem Titel „Forschungsreise in den zentralen Tien-schan und dsungarischen Alatau" eingenommen.

Für eine zoologische Sammelreise, die Dr. W. Michaelsen, Assistent am Zoologischen Museum in Hamburg, im Jahre 1905 nach Südwest-Australien unternahm, stiftete die Gesellschaft 1000 Mk. Die Reise galt, ebenso wie die 5 Jahre vorher unternommene Hamburger Magalhaensische Sammelreise nach dem Süden Südamerikas, der Aufhellung tiergeographischer Probleme der subantarktischen Gebiete. Im Band 22 unserer Mitteilungen hat Michaelsen eine Abhandlung veröffentlicht über „Die Tierwelt Südwest-Australiens und ihre geographischen Beziehungen".

Im Jahre 1907 hat die Geographische Gesellschaft eine elfmonatige Studienreise von Prof. Dr. A. Kraus in Frankfurt a. M. nach Ceylon und Britisch Indien mit 2000 M. unterstützt. Ein kurzer Reisebericht aus Ceylon findet sich im Band 23 und 24 der Mitteilungen. Leider ist aber aus der geplanten wirtschaftsgeographischen Monographie Indiens, auf deren Veröffentlichung unsere Gesellschaft das Anrecht erworben hatte und für die Prof. Kraus zunächst noch weitere Studien in England beabsichtigte, nichts geworden.

Im Jahre 1908 unterstützte die Geographische Gesellschaft eine Reise von Dr. R. Lütgens nach Südamerika mit 1000 Mk. Im 25. Band der Mitteilungen hat Lütgens einen wertvollen Beitrag zur Kenntnis des Quebrachogebietes in Argentinien und Paraguay geliefert. Eine wirtschaftsgeographische Studienreise desselben Forschers nach Haiti im Winter 1912/13 wurde durch einen Kostenzuschuß von 500 Mk. unterstützt. Als Frucht dieser Reise findet sich im 32. Band eine geographisch-geologische Abhandlung über Nordwest-Haiti.

An zwei großen kostspieligen Expeditionen hat sich die Gesellschaft nur mit dem verhältnismäßig geringen Beitrag von je 1000 Mk. beteiligen können, nämlich an der Afrikanischen Expedition des Herzogs Adolph Friedrich von Mecklenburg und an der Deutschen Antarktischen Expedition unter Filchner. Schließlich ist in diesem Zusammenhang ein Betrag von 1000 Mk. zu erwähnen, mit dem die Herausgabe von Prof. Dr. Gerhard Schotts Geographie des Atlantischen Ozeans unterstützt worden ist.

Der Abschluß dieser von der Geographischen Gesellschaft unterstützten Unternehmungen wurde durch eine große Expedition gebildet, deren Kosten im Betrage von 17 000 Mk. die Geographische

Gesellschaft ganz allein getragen hat: durch die von Dr. Erich Obst in den Jahren 1911/12 ausgeführte „Ostafrika-Expedition der Geographischen Gesellschaft in Hamburg“. Das Ziel der Reise war der südliche Teil des ostafrikanischen Grabengebietes im Herzen unserer früheren Kolonie. Die beiden Hauptgegenstände der Forschung waren die Morphologie des Gebietes im Zusammenhang mit seiner Tektonik und die ethnologisch besonders interessante Bevölkerung. In Band 25, 26 und 27 unserer Mitteilungen finden sich die von Dr. Obst zum Teil schon von der Reise selbst eingesandten vorläufigen Berichte mit reichem Inhalt. Weiterhin sind dann zwei ganze Bände ausschließlich den Ergebnissen seiner Reise gewidmet, Band 29 und 35, von denen der letztgenannte infolge der Verzögerung durch den Krieg erst im Jahre 1923 als Festschrift zum 50jährigen Jubiläum der Gesellschaft hat erscheinen können. Damit hat dann dieses größte selbständige Unternehmen unserer Gesellschaft einen befriedigenden Abschluß erhalten. Zugleich bildet diese Veröffentlichung den letzten Nachklang der früheren Wohlhabenheit, mit der die Gesellschaft, wie hier geschildert, eine beträchtliche Anzahl von Unternehmungen hat unterstützen können. Von 1914 bis 1923 ist sie dazu nicht mehr im Stande gewesen. Doch haben wir Grund zu der Hoffnung, daß in dem 1923 begonnenen neuen Zeitabschnitt die Wendung zum Besseren bereits erfolgt ist. Die Freigebigkeit des Herrn Herbert Schlubach hat es ermöglicht, daß im Herbst 1923 Dr. Karl Sapper, ordentlicher Prof. an der Universität Würzburg, im Auftrage unserer Gesellschaft eine dreiviertel Jahre dauernde Reise nach Mexiko, Mittelamerika, Columbien und Venezuela hat antreten können. Darüber gibt der Forscher in dem vorliegenden Bande einen ersten ausführlichen Bericht.

An dieser Stelle ist auch zu berichten, daß anläßlich unseres 50jährigen Jubiläums die Familie Ludwig Friederichsen dem Vorstande der Geographischen Gesellschaft eine Geldsumme als Grundstock für eine Ludwig Friederichsen-Gedächtnis-Stiftung überreicht hat. Die Satzungen dieser neuen Stiftung sind weiter unten abgedruckt. Bisher hat daraus nur ein geringfügiger Betrag zur Unterstützung der wichtigen Untersuchungen im norddeutschen Diluvium bewilligt werden können, über die Herr Dr. Gripp in diesem Bande berichtet. Aber es steht zu hoffen, daß auch diese Stiftung, zumal bei weiteren Zuwendungen, der Geographischen Gesellschaft als Mittel dazu dienen wird, geographische Untersuchungen wieder in reicherem Maße zu fördern.

Sehr erfreulich ist es, daß auf einem anderem Gebiote der Krieg keine wesentliche Beeinträchtigung mit sich gebracht hat, nämlich in der Herausgabe der „Mitteilungen der Geographischen Gesellschaft in Hamburg“. Nach den Satzungen erfolgen die Veröffentlichungen, die nicht etwa Jahresschriften sind, in zwangloser Zeitfolge. Aber doch sind die Bände auch in und nach dem Kriege ungefähr in demselben Abstand einander gefolgt, wie es vorher üblich gewesen war. Allerdings waren sie durchschnittlich weniger dickleibig. In den 16 Jahren von 1898 bis 1913 sind 14 Bände herausgekommen, in den 10 Jahren von 1914 bis 1923 waren es 7.

Ludwig Friederichsen hat seinem Bericht eine Zusammenstellung der Inhaltsverzeichnisse der in den ersten 25 Jahren erschienenen Mitteilung angehängt. So soll auch hier zur Fortsetzung ein gleiches geschehen. Zu erwähnen ist hier aber außerdem, daß neben diesen beiden chronologischen Verzeichnissen ein alphabetisch und ein sachlich geordnetes Inhaltsverzeichnis der ersten 30 Bände von Prof. Dr. Gerhart Schott im Jahre 1917 als Sonderbeilage zu Band 30 geliefert worden ist, wodurch die Benutzung unserer Mitteilungen in sehr dankenswerter Weise erleichtert wird.

Bei der Besprechung unserer verschiedenen Tätigkeitsgebiete hat es sich herausgestellt, daß der Krieg und auch der Verlust Friederichsens, des Trägers der alten Tradition, einen wesentlichen Einschnitt bedeutet. Die 42 Jahre bis zum Kriege waren eine Zeit ruhiger und glücklicher Entwicklung, in der die Gesellschaft aus viel reicheren Mitteln schöpfen konnte. Bezeichnend dafür sind auch die schönen Feste bei besonderen Gelegenheiten, die Friederichsen mit Liebe und großem Geschicke einrichtete. Ein charakteristisches Beispiel gibt der ausführliche, 22 Seiten umfassende Bericht über das 25 jährige Stiftungsfest, der sich im 15. Bande unserer Mitteilungen findet. Alle 5 Jahre ist auch weiter bis 1913 der Geburtstag der Gesellschaft durch eine größere Festlichkeit begangen worden. Seit 1913 haben wir keine Feste mehr gefeiert. Nur unser 50 jähriges Jubiläum glaubten wir nicht ganz klanglos vorbeigehen lassen zu dürfen. Aber welcher Gegensatz gegen die rauschende Feier 25 Jahre vorher! Der 8. März 1923 fiel gerade in die Zeit von Deutschlands tiefster Erniedrigung, 2 Monate nach der Besetzung des Ruhrgebietes durch Franzosen und Belgier, der eine brutale Vergewaltigung sondergleichen folgte. Am 6. März hielt der Reichskanzler Dr. Cuno seine große Rede im Reichstag über „die Bilanz des Ruhreinbruchs“, um „erneut das Unrecht festzustellen und unserem Volke wie allen

Völkern der Erde zu zeigen, was an schwerem Unrecht täglich unter ihren Augen und mit ihrer Billigung erneut geschah, unser eigenes Recht festzustellen, so klar und deutlich es nur immer möglich ist, und die Welt zu warnen, daß Unrecht auf Unrecht nicht immer höher bis zur Unerträglichkeit gehäuft werde". Nach ausführlichem Bericht über die Schandtaten der französischen Behörden und Gerichte sowie ihrer Soldateska faßt Cuno zusammen: „An die Zeiten des 30jährigen Krieges mahnt, was an Verbrechen gegen Leib und Leben, Geld und Gut in den Zeiten der „Ingenieurmission" an Ruhr und Rhein im Jahre 1923 geschieht".

Gerade also in die Zeit, als diese neue Schmach und Not über unser Vaterland hereingebrochen war, fiel unsere Stiftungsfeier, die wir auf den 8. März gelegt hatten. Kein Musikklang verschönte daher den Abend, geschweige denn, daß nach dem einfachen Mahle, das viele Mitglieder und Freunde der Gesellschaft nach der feierlichen Sitzung vereinte, noch wie sonst üblich ein Tanz den wesentlichen Teil der Geselligkeit gebildet hätte. Aber die Geographische Gesellschaft wollte doch nicht unterlassen, eine Gedenkfeier zu veranstalten und sich mit ihren Freunden zu vereinen. Sie hatte insbesondere auch die Freude, daß von auswärts eine beträchtliche Zahl von Geographen mit ihren Frauen der Einladung zu diesem Tage gefolgt waren. Um die auswärtigen Gäste schon am Abend vorher mit den Hamburgern zusammen zu führen, fand in einigen Privatkreisen ein geselliges Zusammensein statt. Am nächsten Morgen folgte eine Begrüßung im schönen neuen Gebäude des Museums für Hamburgische Geschichte und im Anschluß daran eine Besichtigung der in den neuen Sälen so prächtig aufgestellten Sammlungen unter Führung des Direktors Prof. Dr. Lauffer. Dann ging es zum Hafen, um einer Einladung der Hamburg-Amerika-Linie an Bord ihres damals größten Dampfers, der „Hansa", zu folgen und den Gästen aus dem Binnenlande zu zeigen, daß schon wieder neues kräftiges Leben in den Hamburger Hafen eingezogen sei und der alte Hansengeist frisch daran arbeite, die unserer Wirtschaft zugefügten Schäden auszuwetzen.

Hiermit schließen wir unseren Bericht. Beim Erscheinen dieses Bandes sind seit jenem Gedenktage im März 1923 schon fast zwei Jahre vom zweiten Halbjahrhundert der Geographischen Gesellschaft verflossen. Unzweifelhaft hat sich die Lage unseres Vaterlandes inzwischen gebessert. Das Jahr 1923 brachte uns am Schluß noch die Stabilisierung der haltlos verfallenen Währung und damit die Voraussetzung einer geregelten Volkswirtschaft, das Jahr 1924 dann den Anfang einer Räumung der widerrechtlich besetzten Gebiete und die Aussicht auf ein nicht zu fernes Ende dieser Schmach, vor allem aber auch eine unverkennbare Besserung in der Beurteilung und Behandlung unseres elend verleumdeten und geknechteten Vaterlandes. Noch hat aber unser machtloses Volk viel zu ertragen. Doch strebend und arbeitend kann es an die bessere Zukunft glauben. Möge der Chronist unserer Gesellschaft nach weiteren 25 Jahren von dem neuen Aufstieg des Vaterlandes, dem steten Gedeihen und der reichen Wirksamkeit der Geographischen Gesellschaft im Schoße des machtvoll blühenden Reiches künden können!

Anhang.

Die Vorstandsmitglieder der Geographischen Gesellschaft von 1898—1923.

Die 20 Herren, die in den ersten 25 Jahren dem Vorstande angehört haben, finden sich in Friederichsens Rückblick (Bd. XVI S. 27) aufgezeichnet. Von diesen sind diejenigen, die 1898 den Vorstand bildeten, hier zunächst wieder aufzuführen:

Dr. L. Friederichsen, 1. Schriftführer seit 6. März 1873, † 20. April 1915.

Schulrat Prof. Dr. R. Hoche, 1879—1899.

Admiralitätsrat C Koldewey, seit 1889, † 1908.

Bürgermeister Dr. J. G. Mönckeberg, Präsident, seit 2. Juni 1892, † 27. März 1908.

Dr. med. W. Öhrens, seit 1896, † 1917.

Senator Otto E. Westphal, seit 4. März 1897, Präsident 1909 bis 1918, † 1919.

Senator H. Roscher, 1889—1909, Präsident 1908—1909.

Im Laufe der folgenden 25 Jahre haben dem Vorstand angehört:

Prof. Dr. Joh. Ad. Repsold, seit 1899, † 1919.

Prof. Dr. Carl Gottsche, seit 1909, † 1909.

Prof. Dr. Siegfried Passarge, 1909—1922, Präsident 1921—1922.

Senator Justus Strandes, 1909—1922.

Prof. Dr. Paul Schlee, seit 1909, 1. Schriftführer seit 1921.

Prof. Dr. Gerhard Schott, seit 1917, 1. Schriftführer 1917—1921.

Prof. Dr. Georg Gürich, seit 1918.
Senator Dr. Max Schramm, Präsident 1919—1921 und wieder seit 1922.
Kommerzienrat Hermann Stoltz, 1920—1922.
Dr. h. c. Roderich Schlubach, seit 1922.
Dr. Wilhelm Brennecke, seit 1922, † 1924.
Direktor Otto Riedel, seit 1922.

Die Mitglieder des Beirats.

Außer den von Ludwig Friederichsen für die ersten 25 Jahre aufgeführten 30 Mitgliedern des Beirats haben diesem weiter angehört oder gehören ihm am Schluß der Berichtszeit noch an:
Dr. Max Albrecht.
Dr. W. Brennecke (später im Vorstand).
Hans Crasemann.
Richard Friederichsen.
Prof. Dr. Fr. Fülleborn.
Prof. Dr. G. Gürich (später im Vorstand).
Emil Helfferich.
Prof. Dr. H. Lohmann.
O. Riedel (später im Vorstand).
Dir. Th. Ritter.
Dr. Roderich Schlubach (später im Vorstand).
Prof. Dr. G. Schott (später im Vorstand).
Edmund J. A. Siemers †.
Dr. Kurt Siemers.
Kommerzienrat Herm. Stoltz (zeitweilig im Vorstand).
Geh. Regierungsrat Dr. Fr. Stuhlmann.
Senator J. Strandes (vorher im Vorstand).
Prof. Dr. G. Thilenius.
Gustav Tietgens †.
Senator Dr. H. Traun †.
Landesschulrat Prof. Dr. K. Umlauf.
Dir. Prof. W. Wegehaupt †.
Heinrich A. Westphal.

Inhaber der Kirchenpauer-Medaille der Geographischen Gesellschaft.

Zu den drei Inhabern der goldenen Medaille der ersten 25 Jahre, nämlich:

Bürgermeister Dr. G. Kirchenpauer,

Dr. med. G. Adolf Fischer und
Wirkl. Geheimer Rat Prof. Dr. G. von Neumayer
sind in den folgenden 25 Jahren hinzugekommen:
Dr. phil. L. Friederichsen (Hamburg), † 20. April 1915.
Dr. phil. Sven Hedin (Stockholm), seit 12. Februar 1903.
Prof. Dr. Georg Schweinfurth (Berlin), seit 29. Dez. 1916; (die Medaille wurde aus Kriegsrücksicht in Silber ausgeführt).
Dr. h. c. Hermann Detzner, Reichsarchivrat u. Major a. D. (Berlin), seit 8. März 1923.

Zu den bis 1898 ernannten Inhabern der silbernen Medaille,
Geh. Regierungsrat Dr. Franz Stuhlmann (Hamburg) und
Prof. Dr. Wilhelm Sievers (Gießen), † 1921.
sind hinzugekommen:
Prof. Dr. Fr. Fülleborn (Hamburg), seit 5. März 1908.
Dr. Wilhelm Brennecke (Hamburg), seit 8. März 1923, † 1924.
Prof. Dr. Alfred Wegener (Graz), seit 8. März 1923.

(Die 1923 verliehenen Medaillen wurden in Bronze vergoldet bezw. versilbert ausgeführt.)

Ehrenmitglieder der Geographischen Gesellschaft.

Von den 31 Ehrenmitgliedern, die in den ersten 25 Jahren ernannt worden waren, lebten am Schluß dieses ersten Abschnitts noch 18. Drei von ihnen leben noch heute, nämlich:
Prof. Dr. Fridtjof Nansen,
Prof. Dr. Georg Schweinfurth und
Geheimrat Prof. Dr. Hermann Wagner.

Bis Ende 1923 sind die folgenden 18 neuen Ehrenmitglieder ernannt worden:

Meyer, Hans, Geh. Hofrat, Prof. Dr., Leipzig, 11. April 1901.
Amundsen, Roald, Kristiania, 5. März 1908.
Drygalski, Erich von, Prof. Dr., München, 5. März 1908.
Hellmann, Gustav, Geh. Regierungsrat, Prof. Dr., Berlin, 5. März 1908.
Penck, A., Geh. Regierungsrat, Prof. Dr., Berlin, 5. März 1908.
Beseler von, Hans, Dr. jur. u. Dr. ing. h. c., Generaloberst †, 6. März 1918.
Hettner, Alfred, Geh. Hofrat, Prof. Dr., Heidelberg, 6. März 1918.
Boas, Franz, Prof. Dr., New-York, 8. März 1923.
Meinardus, Wilhelm, Prof. Dr., Göttingen, 8. März 1923.
Obrutschew, Prof. Dr., Moskau, 8. März 1923.

Petterson, Otto, Prof. Dr., Holma-Lysekil, Schweden, 8. März 1923.

Sapper, K., Prof. Dr., Würzburg, 8. März 1923.

Schultze-Jena, Leonhard, Prof. Dr., Marburg, 8. März 1923.

Witting, Rolf, Prof. Dr., Helsingfors, 8. März 1923.

Korrespondierende Mitglieder der Geographischen Gesellschaft.

In den ersten 25 Jahren ihres Bestehens hat die Geographische Gesellschaft 12 korrespondierende Mitglieder ernannt; von ihnen lebten am Schluß des Zeitabschnittes nach Friederichsens Verzeichnis 9. Sie alle sind verschieden, als letzter von ihnen, Prof. Dr. h. c. Ernst Debes, Leipzig, erst im November 1923. In den folgenden 25 Jahren bis Ende 1923 sind die folgenden 14 korrespondierenden Mitglieder ernannt worden:

Friederichsen, Max, Prof. Dr., Breslau, 5. März 1908.

Philippson, Alfred, Geh. Regierungsrat, Prof. Dr., Bonn, 5. März 1908.

Sapper, Karl, Prof. Dr., Würzburg, 5. März 1908 (seit 1918 Ehrenmitglied).

Wegener, Georg, Prof. Dr., Berlin, 5. März 1908.

Basedow, Herbert, Dr., Adelaide, 3. März 1910.

Tippenhauer, L. G., Ingenieur, Port au Prince (Haiti), 2. Okt. 1913.

Krebs, Norbert, Prof. Dr., Freiburg i. Br., 6. März 1918.

Consten, Hermann, Bad Blankenburg i. Thür., 15. Dez. 1920.

Jahn, Alfredo, Carácas, 8. März 1913.

Jäger, Fritz, Prof. Dr., Berlin. 8. März 1923.

Kühn, Franz, Prof. Dr., Paraná, Argentinien, 8. März 1923.

Solger, Friedrich, Prof. Dr., Berlin, 8. März 1923.

Gamio, Manuel, Dr., Mexiko, 18. Sept. 1923.

Malda, Gabriel M., Dr., Mexiko, 18. Sept. 1923.

Satzungen der Ludwig Friederichsen Gedächtnis-Stiftung.

1. Anläßlich der 50. Jahrfeier der Geographischen Gesellschaft in Hamburg hat die Familie des 1915 verstorbenen langjährigen Generalsekretärs der Gesellschaft, Dr. Ludwig Friederichsen, dem Vorstande den Betrag von 1 000 000 Mk. übergeben, der den Grundstock einer Ludwig Friederichsen-Gedächtnis-Stiftung bilden soll, deren Vermehrung durch weitere Beiträge anzustreben ist.

2. Aus der Stiftung sind in zwangloser Zeitfolge Unterstützungen zur Förderung und Verwertung heimatkundlicher Untersuchungen in der weiteren Umgebung Hamburgs zu gewähren. In zweiter Linie kommt die Unterstützung anderer geographischer Zwecke, insbesondere von Untersuchungen und Studienreisen in anderen Teilen Deutschlands in Betracht.

3. Die Stiftung ist Eigentum der Geographischen Gesellschaft in Hamburg und wird von deren Vorstand verwaltet. Dieser hat mindestens einmal im Jahre darüber zu beraten und Beschluß zu fassen, ob und welche Unterstützungen gewährt werden sollen. Über die Verwaltung der Stiftung hat er der Gesellschaft mit dem übrigen Kassenbericht Rechnung abzulegen.

4. Die vorstehenden Satzungen können zwecks Anpassung an neue Verhältnisse vom Vorstande mit $3/4$ Majorität geändert werden.

Inhalt der Mitteilungen der Geographischen Gesellschaft 1899—1923.

(Das Inhaltsverzeichnis von Band I—XIV findet sich in Band XIV.)

Band XV.

1. Belck, W. Dr. und Lehmann, C. F. Dr.: Reisebriefe von der Armenischen Expedition.
2. Jerrmann, Ludwig, Kapt.: Reise durch das Flußgebiet des Rio Ipane, mit einer Original-Kartenskizze.
3. Schäfer, Ernst, Dr.: Zur Erinnerung an Marco Polo.
4. Petersen, Johannes, Dr.: Beiträge zur Kenntnis der Bewegungsrichtungen des diluvialen Inlandeises. I. Teil: 1. Basalt von Schonen. 2. Cancrinit-Aegirinsyenite von Särna. 3. Gesteine der Diabas-Familie. Mit einer Original-Kartenskizze.
5. Buchheister, M., Wasserbau-Direktor: Die Elbe und der Hafen von Hamburg, mit einem Plan des Hamburger Freihafengebietes.
6. Belck, W. Dr. und Lehmann, C. F., Dr.: Reisebriefe von der Armenischen Expedition, Fortsetzung.
7. Michow, H., Dr.: Sitzungsberichte von 1898. Mitglieder-Verzeichnis Ende 1898.

Karten.

1. Skizze des Flußgebietes des Rio Ipane, nach eigenen Beobachtungen und Erkundigungen während seiner Reise im Jahre 1896 entworfen und gezeichnet von Kapt. Ludwig Jerrmann. 1 : 572 000.

2. Die Verbreitung der Schonenschen Basalte im norddeutschen Diluvium, von Dr. J. Petersen. 1 : 4 000 000.
3. Plan des Hamburger Freihafengebietes 1899. 1 : 10 000.

Band XVI.

1. Friedrichsen, Max, Dr.: Russisch-Armenien und der Ararat, mit einer Kartenskizze im Text und einer Tafel.
2. Belck, W., Dr. und Lehmann, C. F., Dr.: Reisebriefe von der Armenischen Expedition (Schluß).
3. Kubary, J.: Beitrag zur Kenntnis der Nukuoro- oder Monteverde-Inseln (Karolinen), mit Textfiguren und einer Kartenskizze im Text.
4. Petersen, Johannes, Dr.: Beiträge zur Kenntnis der Bewegungsrichtungen des diluvialen Inlandeises. II. Teil. Mit 2 Original-Kartenskizzen.
5. Friedrichsen, Max, Dr.: Sitzungsberichte von 1899. Mitgliederverzeichnis Ende 1899.

Karten.

1. Die Verbreitung der Geschiebe aus dem Kristianiagebiet im norddeutschen Diluvium, von Dr. J. Petersen. 1 : 4 000 000.
2. Die Verbreitung der krystallinen Geschiebe im norddeutschen Diluvium. von Dr. J. Petersen. 1 : 12 000 000.

Band XVII.

1. Friedrichsen, Max, Dr.: Die Karolinen.
2. Martin, J. Dr.: Zur Frage der Stromrichtungen des Inlandeises.
3. Moisel, Max: Begleitworte zu der Karte „Dr. F. Stuhlmann's Aufnahme im Gebiet des Albert- und Albert Edward-Sees."
4. Wolter, C.: Korea, einst und jetzt.
5. Sapper, Karl, Dr.: Die Alta Verapaz (Guatemala). Eine landeskundliche Skizze mit 5 Originalkarten.
6. Friedrichsen, Max, Dr.: Sitzungsberichte von 1900. Mitgliederverzeichnis Ende 1900.

Karten.

1a u. 1b. Dr. F. Stuhlmann's Aufnahmen im Gebiet des Albert- und Albert-Edward-Sees während der Emin Pascha-Expedition (Mai 1891 bis Januar 1892). Konstruiert und gezeichnet von Max Moisel. 1 : 300 000. 2 Blätter.
2. Karte der Alta Verapaz (Guatemala) zur Veranschaulichung der Besitzverteilung nach dem Länderplan von Ernesto Marroquin, gezeichnet von Dr. Karl Sapper. 1900. 1 : 200 000.
3. Höhenschichtkarte der Alta Verapaz auf Grund des Länderplans von Ernesto Marroquin 1897, nach eigenen Aufnahmen entworfen und gezeichnet von Dr. Karl Sapper. 1900. 1 : 200 000.
4. Geologische Karte der Alta Verapaz nach eigenen Aufnahmen aus den Jahren 1888—1900 entworfen von Dr. Karl Sapper. 1 : 200 000.
5. Die Verbreitung der Vegetationsformationen in der Alta Verapaz. Von Dr. Karl Sapper. 1 : 460 300.

Band XVIII.

1. Fischer, Theobald, Prof. Dr.: Meine dritte Forschungsreise im Atlas-Vorlande von Marokko im Jahre 1901.

2. Friedrichsen, Max, Dr.: Reisebriefe aus Russisch Zentral-Asien.
3. Friedrichsen, Max, Dr.: Sitzungsberichte vom 1. Januar 1901 bis 5. Juni 1902. Mitgliederverzeichnis Ende 1901.

Karten.

Reisewege im Atlas-Vorlande von Marokko. Aufgenommen und gezeichnet von Prof. Theobald Fischer im Frühjahr 1901, in 2 Blättern.

Band XIX.

1. Moritz, Eduard: Die Nordseeinsel Röm. Mit 3 Karten.
2. Hernsheim, Franz: Nauru, eine gehobene Koralleninsel der Marshallgruppe.
3. Michow, H., Dr.: Caspar Vopell und seine Rheinkarte vom Jahre 1558. Mit 1 Karte.
4. Achter Internationaler Geographen-Kongreß.
5. Friedrichsen, Max, Dr.: Sitzungsberichte vom 2. Oktober 1902 bis 11. Juni 1903. Mitgliederverzeichnis Ende 1902.

Karten.

1. Westlicher Teil von Johannes Meyer's Karte „Westerteil des Amptes Hadersleben etc. 1649" aus Caspar Danckwerth's Newe „Landesbeschreibung der zwei Herzogthümer Schleswich und Holstein etc. 1652".
2. Übersichtskarte über das Nordschleswigsche Wattenmeer und die Bodenverhältnisse des Landgebietes. Entworfen von Ed. Moritz. 1 : 300 000.
3. Die Insel Röm. Auf Grund der preußischen Meßtischblätter und Ed. Moritz Angaben. 1 : 50 000.
4. Vopell'sche Rheinkarte von 1558 (auf beinahe $^1/_2$ der Originallänge verkleinert.)

Band XX.

Forschungsreise in den Zentralen Tien-schan und Dsungarischen Alatau (Russisch Zentral-Asien) im Sommer 1902. Von Dr. Max Friedrichsen, Mit 86 Original-Abbildungen auf 52 Tafeln und 2 Originalkarten.

Band XXI.

1. Michow, H., Dr.: Das erste Jahrhundert russischer Kartographie 1525—1631 und die Originalkarte des Anton Wied von 1542. Mit einer Phototypie und 4 Karten.
2. Behrmann, Walter, Dr. (Assistent am Geographischen Seminar der Universität zu Göttingen): Über die niederdeutschen Seebücher des fünfzehnten und sechzehnten Jahrhunderts. Mit 4 Abbildungen im Text und 4 Karten.
3. Albrecht, Max, Dr.: Durch den Daghestan auf der Awaro-Kachetinischen Straße im Mai bis Juni 1904. Mit 14 Phototypien.
   Sitzungsberichte vom 6. Oktober 1904 bis 7. Dezember 1905. Mitgliederverzeichnis Ende 1905.

Karten.

1. Moscovia ex editione Solini impressa Basileae MDXXXVIII.
2. Caerte van't Noorderste Russen, Samojeden ende Tingoesen landt: alsoo det van de Russen afghetekent, en door Isaak Massa vertaelt is. 1611.

3. Tabula Russiae ab Hesselo Gerardo M. DC. XIII et M. DC. XIIII. i e. Die sogenannte Karte des Zarewitsch Feodor Borissowitsch Godunow.
4. Anton Wieds Originalkarte von Rußland von 1542, nach dem Helmstedter Exemplar photographisch auf ca. die halbe Länge verkleinert.
5. Karte der Eider-, Elb- und Wesermündung aus „Willemsen: Die Caerte Vade Ost ende West Zee 1588".
6. Karte der Nordküste Spaniens nach „Waghenaer: Spieghel der Zeevaert 1584".
7. Karte der Küste Spaniens nach „Waghenauer: Spiegel der Zeevaert 1584". Von W. Behrmann.
8. Generalkarte von Westeuropa aus „Waghenaer: Spiegel der Zeevaert (Leyden 1584)" mit eingezeichneten wahren Breitenparallelen und Meridianen (nach Ferro). Von W. Behrmann.

Band XXII.

1. Kürchhoff, D.: Die Geldverhältnisse im heutigen Afrika in ihrer Entwicklung.
2. Michaelsen, W., Prof. Dr.: Die Tierwelt Süd-West-Australiens und ihre geographischen Beziehungen. Mit 2 Kartenskizzen im Text.
3. Stürken, Alfred: Reisebriefe aus dem persischen Golf und Persien. 28 Abbildungen auf 20 Tafeln.
4. Michow, H., Dr.: Weitere Beiträge zur älteren Kartographie Rußlands. Mit 1 Textabbildung und 5 Karten.
5. Frobenius, Leo: Kolonialwirtschaftliches aus dem Kongo-Kassal-Gebiet. Sitzungsberichte vom 4. Januar 1906 bis 7. März 1907. Mitgliederverzeichnis am 1. Januar 1907.

Karten.

1. Darinel's Moscovia von 1555.
2. Aus dem Itinerarium von 1579:80.
3. Raphael Barberini's Reisekarte von 1564.
4. Aus Caspar Vopell's Europa von 1566.
5. Aus Gerhard Mercator's Europa von 1578.

Band XXIII.

1. Friedrichsen, L., Dr.: Johann Georg Mönckeberg, Dr. d. R., mit einem Porträt.
2. Hiebel, Alfred, Dr.: Seezeichen, Leuchtfeuer und Schallsignale des Atlantischen Ozeans in ihrem Zusammenhang und ihrer Bedeutung für Wirtschaft und Kultur, mit einer Karte.
3. Michow, H., Dr.: Originalkarte Sibiriens aus dem 17. Jahrhundert: ein Werk Siemen Remesow's nach dem Russischen des Prof. Alexander Wassiljewitsch Grigoriev, mit einer Karte.
4. Herrmann, E., Prof. und v. Hasenkampf, Prof.: Carl ChristianKoldewey.
5. Die Hamburgische Wissenschaftliche Stiftung und das Hamburgische Kolonialinstitut.
6. Kraus, Alois, Prof. Dr.: Reisebericht aus Vorder-Indien, der Geographischen Gesellschaft in Hamburg erstattet.

7. Moritz, E., Dr.: Das Seebad Lakolk und seine Dünen (Nachtrag).
Sitzungsberichte vom 2. Mai 1907 bis 7. Mai 1908.
Mitgliederverzeichnis am 1. Januar 1908.

Karten.

1. Karte zur Veranschaulichung der Leuchtfeuer im Atlantischen Ozean nach dem Stande im Jahre 1904. Von Dr. Alfred Hiebel.
2. Remesow's Karte von Sibirien, 1697.

Band XXIV.

1. Kraus, Alois, Prof. Dr.: Zweiter Reisebericht aus Ceylon u. Vorder-Indien.
2. Lottermoser, Eckhard: Die Ergebnisse der Temperatur-Beobachtungen in Salvador und Süd-Guatemala.
3. Obst, Erich, Dr.: Die Oberflächengestaltung der schlesisch-böhmischen Kreide-Ablagerungen. Mit 21 Abbildungen auf 11 Tafeln, einer Karte und 6 Figuren im Text.
4. Zahn, Gustav W. von, Dr.: Die zerstörende Arbeit des Meeres an Steilküsten. Mit 32 Original-Abbildungen auf 16 Tafeln und 16 Figuren im Text.
5. Friedrichsen, L., Dr.: Georg von Neumayer.
6. Petersen, Joh., Dr.: Carl Christian Gottsche.
7. Sitzungsberichte vom 1. Oktober 1908 bis 2. Dezember 1909.
Mitgliederverzeichnis vom 1. Januar 1909.

Karten.

Tektonische Karte der schlesisch-böhmischen Kreideablagerungen.

Band XXV.

1. Lütgens, R. Dr.: Beiträge zur Kenntnis des Quebrachogebietes in Argentinien und Paraguay. Mit 20 Originalabbildungen auf 10 Tafeln, einer Karte und 3 Figuren im Text.
2. E. Obst, Dr.: Von Kilimatinde durch die Landschaft Turu nach Mkalama im Februar bis März 1911. Vorläufiger Bericht der Ostafrika-Expedition der Hamburger Geographischen Gesellschaft.
3. Kremer, E., Dr.: Die Entwicklung des Exports in Togo und Kamerun.
Togo: Mit 6 Figuren im Text.
Kamerun: Mit 1 Figur im Text.
Sitzungsberichte vom 6. Januar 1910 bis 1. Mai 1911.

Karten.

Lütgens, Karte des Gebietes des Gerb-Quebracho in Argentinien und Paraguay.

Band XXVI.

1. Obst, E., Dr.: Von Mkalama ins Land der Wakindiga (Deutsch-Ostafrika). Vorläufiger Bericht (II) der Ostafrika-Expedition der Hamburger Geographischen Gesellschaft. Mit 12 Original-Abbildungen auf 6 Tafeln.
2. Strempell, Kurt, Hauptmann: Die Geschichte Adamauas nach mündlichen Überlieferungen. Mit 15 Original-Abbildungen auf 10 Tafeln.
3. Obst, E., Dr.: Die Landschaften Issansu und Iramba (Deutsch-Ostafrika). Vorläufiger Bericht (III) der Ostafrika-Expedition der Hamburger Geographischen Gesellschaft. Mit 8 Original-Abbildungen auf 4 Tafeln.

4. Passarge, S., Prof. Dr.: Physiologische Morphologie. Mit 1 Originalkarte und 17 Original-Abbildungen im Text.
Die Erwerbung der Tagebücher Emin Paschas durch das Kolonialinstitut in Hamburg.
Ein bisher unveröffentlichter Brief Gustav Nachtigals.
Sitzungsberichte vom 5. Oktober 1911 bis 2. Mai 1912.
Mitglieder-Verzeichnis vom 1. Januar 1912.

Karten.

Physiologisch-morphologische Karten der Umgebung von Thälendorf (Thüringen), aufgenommen und konstruiert von Prof. S. Passarge.

Band XXVII.

1. Waibel, Leo, Dr.: Lebensformen und Lebensweise der Tierwelt im tropischen Afrika. Mit einer tierökologischen Karte von Deutsch-Ostafrika.
2. Schlee, P., Prof. Dr.: Zur Morphologie des Berner Jura. Mit 2 Textfiguren, sowie 31 Original-Abbildungen und 3 Karten auf 20 Tafeln.
3. Passarge, S., Prof. Dr.: Physiogeographie und Vergleichende Landschaftsgeographie. Mit 11 Textfiguren.
4. Obst, E. Dr.: Der östliche Abschnitt der Großen Ostafrikanischen Störungszone. Mit 18 Original-Abbildungen auf 9 Tafeln und 1 Original-Kartenskizze.
Sitzungsberichte vom 3. Oktober 1912 bis 8. Mai 1913.
Mitgliederverzeichnis vom 1. Januar 1913.

Karten.

1. Verbreitung und Verteilung der Lebensformen der Tierwelt in Deutsch-Ostafrika von Dr. Leo Waibel.
2. Geologische Karte des Berner Jura (nach Rollier).
3. Orographische Karte eines Teils des Berner Jura nebst Skizzen des Flußgebietes der oberen Birs im Berner Jura etc.
4. Skizze zur Morphologie der Großen Ostafrikanischen Störungszone von Dr. E. Obst.

Band XXVIII.

1. Passarge, S., Prof. Dr.: Morphologie des Meßtischblattes Stadtremda. Mit 19 Autotypien auf 14 Tafeln und 72 Textfiguren.

Karten in 1 : 50 000.

1. Topographische Karte u. Vegetationsschutz, 2. Böschungsstufen, 3. Talformen, 4. Geologische Karte, 5. Physikalische Widerstandsfähigkeit, 6. Chemische Widerstandskraft der Gesteine, 7. Bodenkarte, 8. Hypothetische Karte der Ausgestaltung der Oberfläche.

Band XXIX.

1. Obst, Erich, Dr.: Teil I. Das abflußlose Rumpfschollenland im nordöstlichen Deutsch-Ostafrika. Mit einer zweiblättrigen topographischen Karte im Maßstabe von 1 : 300 000 und 47 Abbildungen auf 27 Tafeln.

Band XXX.

1. Brandt, B., Dr.: Die tallosen Berge an der Bucht von Rio de Janeiro. Mit 3 Ansichtstafeln, 1 Karte und 15 Textfiguren.
2. Quelle, O., Dr.: Anthropogeographische Studien aus Spanien. Mit 3 Textfiguren und 8 Tafeln.

3. Aus Raunkiaer, Barclay: Auf dem Kamelrücken durch das Land der Wahabiten. Übersetzung von I. Geographische Übersicht von Nordostarabien, und von II. Kuweit, durch Dr. W. Schmidt. 14 Textfiguren.
4. Barmm, R., Rektor: Krieg und Erdkunde unter besonderer Berücksichtigung des erdkundlichen Unterrichts.

Karten.

1. Karte der tallosen Berge an der Bucht von Rio de Janeiro. 1 : 30 000.
2. Volksdichte der Provinz Murcia. 1 : 800 000.
3. Volksdichte der Provinz Toledo. 1 : 800 000.
4. Volksdichte von West-Guadalajara. 1 : 150 000.

Band XXXI.

1. Schott, G., Prof. Dr.: Geographie des Persischen Golfes und seiner Randgebiete. Mit 11 Ansichtstafeln, 2 Karten auf 2 Tafeln und 14 Textfiguren.
2. Rosenkranz, J., Dr.: Beziehungen zwischen den Schwankungen des Klimas und der Produktion in Australien. Mit 2 Diagrammtafeln und 3 Textfiguren.
3. Reche, O., Prof. Dr.: Abel Janszoon Tasmans Reise längs der Küste von Kaiser-Wilhelms-Land im Jahre 1643. Mit 1 Tafel und 2 Textfiguren.

Sitzungsberichte vom 8. April 1915 bis 2. Mai 1918.
Abrechnungen der Kassenverwaltung 1915, 1916, 1917.
Mitgliederverzeichnis.

Karten.

1. Karte des Persischen Golfes und seiner Randgebiete, natürliche Verhältnisse. 1 : 4 000 000.
2. desgl. politische Verhältnisse, Verkehrswege. 1 : 8 000 000.
3. Abel Tasmans Fahrt bei Kaiser-Wilhelm-Land. 1 : 2 000 000.

Band XXXII.

1. Passarge, S., Prof. Dr.: Die Steppenflußtalung des Okawango im Trockenwald-Sandfeld der Nordkalahari. Ein Beispiel landschaftskundlicher Forschung und Darstellung. Mit 6 Textfiguren.
2. Lütgens, R., Dr.: Geographische und geologische Beobachtungen in Nordwest-Haiti. Mit 1 Originalkarte. 3 Ansichtstafeln und 10 Textfiguren.
3. Brandt, B., Dr.: Die Landschaft an der Bucht von Santos. Mit 4 Ansichtstafeln und 2 Textfiguren.

Karten.

1. Topographische und geologische Karte der äußeren Nordwest-Halbinsel von Haiti.

Band XXXIII.

1. Helfferich, E.: Die Wirtschaft Niederländisch Indiens im Weltkrieg und heute. Mit 11 Figuren und 1 Karte.
2. Tams, E., Dr.: Die seismischen Verhältnisse des europäischen Nordmeeres und seiner Umrandung. Mit 1 Karte und 2 Seismogrammen.
3. Krüger, K., Dr.: Vorkommen, Gewinnung und Absatz des Kochsalzes im türkisch-arabischen Vorderasien. Mit 11 Figuren.
4. Koch, E.: Geographische Lehrausflüge in Hamburgs Umgebung. Mit 2 Figuren.

5. Bobzin, E.: Zwei Wanderungen durch die Lüneburger Heide.
6. Lütgens, R., Dr.: Spezielle Wirtschaftsgeographie auf landschaftskundlicher Grundlage.

Sitzungsberichte vom 30. Oktober 1918 bis 4. November 1920 (Allgemeine Sitzungen) und 20. Februar 1919 bis 18. November 1920 (Fachsitzungen).
Abrechnungen der Kassenverwaltung 1918, 1919.
Mitgliederverzeichnis.

Karten.

1. Karte von Niederländisch-Indien.
2. Karte des Europäischen Nordmeeres.
3. 11 Kartenskizzen aus dem türkisch-arabischen Vorderasien.
4. 2 Kartenskizzen aus der Umgebung Hamburgs.

Band XXXIV.

1. Ferber, K., Prof. Dr.: Der ursprüngliche Lauf von Alster und Elbe in der Hamburger Stadtmarsch. Mit 2 Karten.
2. Taubert, D., Dr.: Landschaftskunde von Kreta. Mit 4 Karten.
3. Eylmann, E., Dr.: Das Bettelwesen in dem Staate Südaustralien und dem Nordterritorium vor dem Weltkriege.
4. Kanter, H., Dr.: Der Löß in China. Mit 2 Karten.

Sitzungen und Veranstaltungen: Allgemeine Sitzungen vom 2. Dezember 1920 bis 4. Mai 1922, Fachsitzungen vom 16. Dezember 1920 bis 18. Mai 1922.
Ausflüge.
Bericht über die 24. wissenschaftl. Sitzung: „Die Abtragung in der Wüste".
Mitgliederverzeichnis.
Nachrufe: W. Sievers, Graf Wilczek.

Karten.

1. 2 Karten des alten Hamburg.
2. 4 Karten von Kreta.
3. 2 Karten v. China.

Band XXXV.

1. Obst, Erich, Dr.: Das abflußlose Rumpfschollenland im nördöstlichen Deutsch-Ostafrika. Bericht über eine im Auftrage der Hamburgischen Geographischen Gesellschaft in den Jahren 1911/12 ausgeführte Forschungsreise. Teil II: Grundzüge einer geographischen Landeskunde. Mit einer Übersichtskarte 1 : 1 000 000, einer Profiltafel, 7 landeskundlichen Karten 1 : 2 000 000 und 65 Abbildungen auf 33 Tafeln.

Karten.

Das abflußlose Rumpfschollenland.

1. Orographisch-hydrographische Übersicht 1 : 1 000 000.
2. 7 Profile.
3. Morphologische Gliederung 1 : 2 000 000.
4. Normale jährliche Niederschlagshöhe 1 : 2 000 000.

6. Die Pflanzenformationen 1 : 2 000 000.
7. Die Völker 1 : 2 000 000.
8. Die wirtschaftliche Nutzung 1 : 2 000 000.
9. Die koloniale Erschließung und Verwaltung 1 : 2 000 000.

FSC
www.fsc.org
MIX
Papier | Fördert gute Waldnutzung
FSC® C083411

Zeitfracht Medien GmbH
Ferdinand-Jühlke-Straße 7
99095 Erfurt, Deutschland
produktsicherheit@kolibri360.de